Sanjay Kumar Singh
U. P Verma

Teoretyczne badanie właściwości fizycznych

Sanjay Kumar Singh
U. P Verma

Teoretyczne badanie właściwości fizycznych

YbN, YbP i YbAs Złożone

Wydawnictwo Bezkresy Wiedzy

Imprint

Cover image: www.ingimage.com

This book is a translation from the original published under ISBN 978-613-9-93900-8.

Publisher:
Wydawnictwo Bezkresy Wiedzy
is a trademark of
Dodo Books Indian Ocean Ltd., member of the OmniScriptum S.R.L Publishing group
str. A.Russo 15, of. 61, Chisinau-2068, Republic of Moldova Europe
Printed at: see last page
ISBN: 978-620-0-54735-4

Spis treści

PODZIĘKOWANIA

Pamiętając o ogromnych łaskach i błogosławieństwach, z wysokim poczuciem wdzięczności, przypuszczam, że przedstawię moje najszczersze podziękowania Wszechmogącemu, Stwórcy i Prezerwatorowi, które umożliwią mi podjęcie i zakończenie obecnego dzieła w czasie.

*Chciałbym wyrazić moje najgłębsze uznanie i szczerą wdzięczność mojemu szanownemu przełożonemu, **Prof. U. P. Verma,** za przyjęcie mojej kandydatury pod jego nadzorem i za jego niekończące się wsparcie, kierownictwo, wielką cierpliwość i zachętę przez lata mojej pracy jako naukowca na Uniwersytecie Jiwaji. Zawsze zachęcał i prowadził mnie do tego, by robić to, co najlepsze w moim życiu, dzięki czemu jestem w stanie osiągnąć Stypendium Kształcenia Młodych Naukowców (FTYS) przyznawane przez M.P. Council of Science and Technology, Bhopal oraz nagrodę dla młodego naukowca przyznawaną przez International Union of Crystallography w DESY, Hamburg, Niemcy. Chcę mu podziękować nie tylko za wskazówki dotyczące treści naukowych, ale także za wskazówki dotyczące wszystkich treści życia. Moje szczególne podziękowania należą się **pani Neelimie Vermie** za jej nieustanne uczucia, troskę i zachęty w trakcie całej tej pracy.*

*Jestem bardzo wdzięczny **profesorowi Maheshowi Prakashowi**, dyrektorowi Szkoły Studiów nad Fizyką na Uniwersytecie Jiwaji w Gwalior za zapewnienie niezbędnych udogodnień i wsparcia podczas całego okresu trwania moich badań na tym wydziale.*

*Serdeczne podziękowania należą się Prof. **A. K. Shrivastava, Prof. D. C. Tiwari, Prof. R. K. Tiwari** i **Dr. D. C. Gupta**, za ich ciągłe wsparcie i zachętę. Jestem wdzięczny **prof. P. Rajaramowi** i **prof. Neerajowi Jainowi** za dzielenie się ich cenną wiedzą i wielką zachętą.*

Moim obowiązkiem jest uznanie wsparcia finansowego udzielonego przez DST, UGC w formie stypendiów naukowych oraz DST & CSIR, New Delhi na międzynarodowy grant turystyczny.

*Nigdy nie mogę zapomnieć o przekazaniu najserdeczniejszych podziękowań moim najlepszym przyjaciołom, **panom Amitowi Kumarowi Upadhyayowi** i **Rishabh Prajapati za** nieustanne wsparcie i zachętę oraz innym przyjaciołom pracującym w różnych instytutach/laboratoriach w całych Indiach i za granicą za ich terminowe wsparcie poprzez dostarczanie literatury w razie potrzeby.*

*Chcę podziękować mojej współmałżonce **JYOTI & Bhabhies za** ich miłość i uczucia na każdym etapie mojego życia. Bardzo szczególne podziękowania dla mojej siostrzenicy **Rinki, Pinki, Shruti** i bratanków **Rajat, Amit, Ankit, a także dla mojego Najserdeczniejszego Syna pana Ivana Singha** za ich wsparcie i zachętę, które popchnęły mnie do ukończenia tej pracy tak szybko, jak tylko mogłem.*

*Jestem również wdzięczny Szanownym **P. P. Sharmie, R. K Singh** & Dadi **Ji,** którzy zawsze dbali o moją opiekę i zapewniali mi lepsze środowisko i wsparcie podczas pobytu w Gwalior.*

*Wreszcie, i co najważniejsze, muszę wyrazić uznanie dla miłości i wsparcia moich rodziców **Smt. Gaytri Devi** & Late **Shri Janardan Singh.** Wsparcie i zachęta, które otrzymałem (i zawsze będę otrzymywał) od moich rodziców jest wielkim źródłem siły. Składam szczególne podziękowania mojemu bratu, **Prof.(Dr.) Rajeshwar Singh**, bez którego cierpliwość, zachęta, zrozumienie i finansowe wsparcie tej książki nie byłoby możliwe.*

Dziękuję za bycie tam, kiedy potrzebowałem... a nawet kiedy tego nie robiłem, i za zachęcanie mnie do spełniania moich marzeń....

Na koniec chciałbym podziękować wszystkim tym, którzy bezpośrednio lub pośrednio pomogli mi w ukończeniu tego dzieła.

Sanjay Kumar Singh

PREFACE

W pracy tej przedstawiono teoretyczne badania właściwości strukturalnych, elektronicznych właściwości magnetycznych i termicznych ciężkich związków monopniktydów ziem rzadkich. W ciągu ostatnich kilkudziesięciu lat aktywnie prowadzono badania nad właściwościami strukturalnymi, elektronicznymi i magnetycznymi tych związków, ze względu na ich potencjał w zakresie zastosowań technologicznych. Zapotrzebowanie na związki pierwiastków ziem rzadkich wzrosło, głównie ze względu na zapotrzebowanie na katalizatory w samochodach oraz w produkcji magnesów stałych, akumulatorów i detektorów podczerwieni.

Obliczenia pierwszej zasady w ramach teorii funkcjonalnej gęstości (DFT) z wykorzystaniem metody pełnej potencjalnej liniowej rozszerzonej fali płaskiej (FP-LAPW) są najpotężniejszymi narzędziami do prowadzenia badań teoretycznych nad materiałami o wysokim stopniu dokładności. Podstawę DFT położyli Hohenberg i Kohn. Pokazały one, że całkowita energia dowolnego układu jest funkcją gęstości elektronów. W rezultacie nie trzeba znać skomplikowanej funkcji wielu fal elektronowych, a jedynie gęstość elektronów, aby określić całkowitą energię układu i inne właściwości stanu gruntu. Praktyczne zastosowania DFT opierają się na przybliżeniach dla tzw. potencjału korelacji wymiennej (XC), który może ograniczyć dokładność obliczonych właściwości stanu gruntu. W DFT można użyć przybliżenia lokalnej gęstości (LDA), przybliżenia lokalnej gęstości wirowania (LSDA) lub ulepszonego przybliżenia uogólnionego gradientu (GGA) dla potencjału korelacji wymiany (XC). Istniejąca literatura pokazuje, że LSDA nie działa dobrze przy obliczaniu właściwości elektronicznych układu elektronów ciężkich. Dlatego w naszych obliczeniach wykorzystaliśmy GGA ze względu na Perdrew, Burke'a i Ernzerhofa, Engel-Vosko i LSDA+U (korekta Hubbarda). Różne modele teoretyczne wymienione we wcześniejszej literaturze wyjaśniły różne właściwości fizyczne kryształów/materiałów. Niniejsza teza stanowi spójną podstawę dla pierwszej zasady DFT dla ciężkich związków ziem rzadkich. Niniejsza książka jest podzielona na 2 rozdziały, a jej zarys znajduje się poniżej:

Rozdział 1 zawiera informacje na temat teorii/metodologii obliczeń, właściwości strukturalnych (energii całkowitej i stałej siatki równowagi), elektronicznych i magnetycznych. Omówiono proces obliczania ciśnienia przejściowego fazy obliczeniowej. Szczegółowo podano program GIBBS używany w niniejszej pracy do obliczania właściwości termo dynamicznych związków Yb-monopiniktydów z krzywych energetycznych przy użyciu quasiharmonicznego modelu Debye.

W **rozdziale 2** przedstawiliśmy badania nad monopiktydami iterbowymi. Badane przez nas materiały to YbN, YbP i YbAs w czterech strukturach krystalicznych. Struktury krystaliczne to NaCl, CsCl, ZnS i struktury tetragonalne (BCT) skupione wokół ciała. Związki monopniktydów iterbowych mają strukturę NaCl w warunkach otoczenia i przekształcają się w strukturę CsCl i BCT pod wysokim ciśnieniem. Struktury pasm elektronicznych i gęstości wykresów stanów tych związków wykazują zachowanie semimetaliczne w strukturze NaCl, natomiast metaliczne w strukturze CsCl. Przedstawiono wyniki pomiarów stałej siatki, modułu masowego, pochodnej ciśnieniowej modułu masowego, momentu magnetycznego i właściwości cieplnych.

Sanjay Kumar Singh

U. P. Verma

ROZDZIAŁ 1

METODOLOGIA OBLICZEŃ

"Badania polegają na tym, by zobaczyć to, co widzieli wszyscy inni, i pomyśleć to, o czym nikt inny nie myślał".

--- Albert Szent-Gyorgi...

Niniejszy rozdział zawiera metodykę/teorię dotyczącą przewidywania właściwości strukturalnych, elektronicznych i termodynamicznych rozpatrywanych materiałów. Omówiono sposób obliczania parametrów biorących udział w obliczaniu różnych właściwości kryształów. Na końcu rozdziału omówiono również informacje związane z programem GIBBS do obliczania różnych właściwości termo dynamicznych ciał stałych z krzywych energetycznych za pomocą quasiharmonicznego modelu Debye.

1.1 WPROWADZENIE

Materiały stałe i ich właściwości mechaniczne mają duże znaczenie technologiczne. W rozwoju nowoczesnych materiałów często niezbędne jest zrozumienie w skali atomowej w celu zastąpienia procedur prób i błędów przez systematyczne projektowanie materiałów. Jedną z możliwości badania złożonych systemów zawierających wiele atomów jest przeprowadzanie symulacji komputerowych. Obliczenia ciał stałych w ogóle (metali, izolatorów, minerałów, itp.) mogą być wykonywane różnymi metodami, od klasycznych do kwantowo-mechanicznych (QM). Istnieją dwa rodzaje podejścia do pełnej mechanicznej obróbki kwantowej, (Hartree Fock) HF i Teoria Funkcjonalna Gęstości (DFT) [1]. Tradycyjny schemat to metoda HF, która opiera się na opisie funkcji falowej (z jednym wyznacznikiem Slatera). Wymiana jest traktowana dokładnie, ale efekty korelacji są z definicji ignorowane. W związku z tym możliwe jest badanie tylko małych systemów, które zawierają kilka atomów. Alternatywnym schematem jest DFT, omówiony szczegółowo w poprzednim rozdziale, który jest powszechnie używany do obliczania elektronicznej struktury złożonych układów zawierających wiele atomów, takich jak duże cząsteczki lub ciała stałe. Opiera się on na gęstości elektronów, a nie na funkcjach falowych i traktuje zarówno wymianę, jak i korelację, ale obie w przybliżeniu.

Badania materii w wysokich ciśnieniach i temperaturach są ważne, ponieważ wnętrza Ziemi, planety i gwiazdy charakteryzują się bardzo wysokimi ciśnieniami (P) i temperaturami (T) (3,65 Mbar w centrum Ziemi). W takich warunkach struktura i właściwości materiałów drastycznie odbiegają od tego, co można zaobserwować w warunkach ciśnienia atmosferycznego i nie można dokonać wiarygodnych ekstrapolacji. Dlatego sprężona materia planetarna musi być badana *w* warunkach planetarnych *P-T*. Aby osiągnąć prawdziwe zrozumienie zachowania się materiału, konieczne jest zbadanie reakcji struktury i właściwości na warunki zewnętrzne, tj. P i T. Odkryto wiele niezwykłych zjawisk pod wysokim ciśnieniem, a niektóre z nich wymagają jeszcze wyjaśnienia. Ponieważ nacisk zmienia wiązanie i strukturę elementów, często tworząc nietypowe materiały o nietypowych właściwościach, można je wykorzystać do syntezy nowych materiałów.

Eksperymentalne i teoretyczne badania właściwości strukturalnych, elektronicznych, magnetycznych i termodynamicznych pod wpływem ciśnienia i temperatury materiałów przyciągnęły uwagę badaczy w ciągu ostatnich dziesięcioleci. Zwiększone możliwości komputera wraz z niezawodnymi elektronicznymi kodami struktury otworzyły możliwość badania strukturalnych, elektronicznych, magnetycznych parametrów ciał stałych z dużą dokładnością. Obecnie możliwe jest obliczanie różnych właściwości krystalicznych ciał stałych z dużą dokładnością dzięki zaawansowanemu podejściu mechaniki kwantowej. Na obecnym zbiorze materiałów dostępna jest ogromna ilość danych doświadczalnych, ale teoretycznie są one bardzo słabiej wykorzystywane. Systematyczne, w pełni oparte na potencjale badania teoretyczne związków Yb-monopiniktydów mają potencjał do badania nowych trendów w ich różnych właściwościach fizycznych lub krystalicznych z ulepszoną charakterystyką, które mogą być interesujące dla zastosowań technologicznych. Są one wykorzystywane do różnych zastosowań, *np.* w przemyśle samochodowym jako katalizatory oraz jako katalizatory w rafineriach ropy naftowej, w ceramice do polerowania szkła, magnesach stałych, akumulatorach itp. Materiały te mają sześciokrotnie skoordynowaną strukturę NaCl (B1) w warunkach otoczenia i pod wysokim ciśnieniem przekształcają się w ośmiokrotnie skoordynowaną strukturę CsCl (B2) lub strukturę tetragonalną (BCT) w środku ciała. Wprawdzie niektórzy wcześniejsi pracownicy próbowali różnymi metodami obliczyć przejście fazowe w tych materiałach, ale jak dotąd nie podjęto żadnych wysiłków, aby za pomocą jednej metody przewidzieć wyżej wymienione właściwości. Dlatego też uznaliśmy za stosowne podjęcie proponowanej analizy teoretycznej właściwości krystalicznych tych materiałów metodą DFT opartą na pakiecie WIEN2k [2]. Oprócz tego do obliczeń różnych właściwości termodynamicznych zastosowano program GIBBS [3] oparty na quasi-harmonicznym modelu Debye.

Właściwości elektroniczne i magnetyczne są wrażliwe na temperaturę, ciśnienie (odkształcenie) i zanieczyszczenia. Interakcja lantanowców 4f-5d oraz hybrydyzacja pomiędzy stanami *p* lantanowców non-4f i pnictogenu są odpowiedzialne za wiele intrygujących zjawisk, które w nich zachodzą. Całkowity moment magnetyczny zawiera zarówno składniki orbitalne, jak i spinowe, ponieważ *w* momentach orbitalnych nie może być tłumione przez pole krystaliczne, stąd też dominuje w tych związkach oddziaływanie spinowo-orbitowe. W kolejnych rozdziałach omówiono szczegółowo metodykę i program GIBBS do obliczania właściwości termodynamicznych rozpatrywanych materiałów.

1.2 Metodologia

W pracy tej wszystkie obliczenia zostały wykonane z wykorzystaniem pełnego potencjału liniowej rozszerzonej fali płaskiej plus orbity lokalne (FP-

LAPW + lo) [4] w ramach DFT [1] wszczepionego do pakietu WIEN2k [2]. W kolejnych rozdziałach zastosowano inne podejście, *tj.* GGA-PBE [5], EV-GGA [6], LSDA+U+SOC [7, 8] do optymalizacji funkcjonalnej energii z korelacji wymiennej w celu obliczenia właściwości równowagi. Zastosowanie zwykłych obliczeń LSDA do systemów *f-elektronowych* jest często niewłaściwe ze względu na skorelowaną naturę powłoki. Przyjęliśmy LSDA+U z podejściem spin orbitalnego sprzężenia (SOC), aby lepiej uwzględnić korelacje *f-elektronowe na* miejscu. W metodzie tej wprowadza się zależny od orbity potencjał dla wybranego zbioru stanów elektronów, który jest obecny w stanach 4f lantanowców. Ten dodatkowy potencjał ma atomową formę Hartree-fock, ale z ekranowanym Coulomb'em i parametrami interakcji wymiany. Przyjęliśmy wartość potencjału przesiewowego Coulomba (U) i sprzężenia wymiennego (J) dla orbitali RE 4f jako metodę podaną w ref. [8]. SOC została włączona na podstawie metody drugiej wariacji z wykorzystaniem funkcji skalarnego falowania relatywistycznego [7]. W metodzie tej gęstość ładunku ładunku funkcji falowej i potencjał są rozszerzane przez sferyczną funkcję harmoniczną wewnątrz nie nakładających się na siebie sfer otaczających miejsca atomowe (sfery muffin-tin (MT)) oraz przez podstawę fali płaskiej (PW) ustawioną w pozostałej przestrzeni komórki jednostkowej (obszar międzywęzłowy). Parametr konwergencji Rmt*Kmax, który kontroluje wielkość podstawy ustalonej w obliczeniach, został ustawiony na 7. Funkcje falowania wewnątrz sfer MT zostały rozszerzone do lmax=10, natomiast gęstość ładunku Fouriera do Gmax=12 a.u-1. Cewki nad pierwszą strefą Brillouina (BZ) wykonywane są w siatce 10×10×10 dla wszystkich faz w nieredukowalnym BZ przy użyciu specjalnego podejścia

Monkhost-Pack k-points [9]. Zarówno odcięcie PW, jak i liczba k-punktów zostały zoptymalizowane w celu zapewnienia całkowitej konwergencji energetycznej. Samodzielne obliczenia są zbieżne do dokładności 10-4 Ry w całkowitej energii systemu.

1.2.1 Energia ogółem i równowaga sieciowa stała

Energia całkowita (E) jest obliczana na podstawie przebiegu samoistnego i może być wyrażona jako suma energii kinetycznej elektronów, energii Hartree'a, energii korelacji wymiennej, energii jonowo-elektronowej, energii jonowej. Stała siatkowa bryły odpowiada wielkości konwencjonalnej jednostki długości komórki przy objętości równowagi i jest uzyskiwana obliczeniowo poprzez minimalizację energii całkowitej w funkcji objętości komórki. Wykonujemy kilka obliczeń energii całkowitej dla różnych stałych kratowych i otrzymujemy wartość stałej kratowej, dla której energia całkowita staje się minimalna.

Wyniki są dopasowane do równania stanu Murnaghan'a [10]

$$P(V) = \frac{B_0}{B_0'}\left[\left(\frac{V_0}{V}\right)^{B_0'} - 1\right] \quad (1)$$

Tutaj B0 jest modułem luzem równowagi i jego B_0' pochodną ciśnienia pierwszego rzędu. Tutaj ciśnienie (P) jest ujemną pochodną całkowitej energii.

$$P = -\frac{\partial E}{\partial V} \quad (2)$$

Dlatego B0 skutecznie mierzy krzywiznę energii w stosunku do krzywej objętości przy swobodnej objętości (V0).

$$B_0 = -V\left(\frac{\partial P}{\partial V}\right)_T \qquad (3)$$

$$B_0' = \left(\frac{\partial B_0}{\partial P}\right)_T \qquad (4)$$

1.2.2. Pobieranie próbek w punktach k

Każdy z zajmowanych stanów w nieskończonej liczbie k-punktów przyczynia się do rozwoju potencjału elektronicznego w systemie. Obliczenie potencjału wymaga zatem nieskończonej liczby kroków numerycznych. Ale elektroniczne funkcje falowe w punktach k, które są bardzo blisko siebie, są prawie identyczne. Fala elektroniczna na pewnym obszarze k-przestrzeni może być zbliżona do funkcji pojedynczego k-punktu. Następnie należy pobrać tylko określoną liczbę k-punktów. Schemat Monkhorst and Pack [9] oferuje możliwość wyboru k-punktów nad całą strefą Brillouin.

1.2.3 Przejście fazowe

W celu obliczenia właściwości przejścia fazowego dokonaliśmy samoistnych obliczeń całkowitej energii w temperaturze pokojowej w funkcji objętości we wszystkich fazach. Aby określić ciśnienie przejściowe, oblicza się wolną energię Gibba (G) w temperaturze pokojowej w fazach B1 i B2 dla materiałów o różnych ciśnieniach. Entalpię systemu można wyrazić jako

$$H = E + PV - TS \qquad (5)$$

Ale przy T = 0 K, entalpia staje się wolną energią Gibbsa, która jest wyrażona jako

$$G = E + PV \quad (6)$$

Dlatego też dla różnych faz B1 i B2 można je wyrazić jako

$$G_{B1} = E_{B1} + PV_{B1} \text{ i} \quad (7)$$

$$GB1 = EB1 + PVB1 \quad (8)$$

Ze względu na kompresję, jony przetasowują się, aby zminimalizować wolną energię Gibbsa dla hipotetycznych struktur. Aby określić ciśnienie przejścia fazowego przy T = 0 K, tzn. że entropia kryształu jest ignorowana. Ciśnienie, przy którym G(G=GB1-GB2) staje się zerem jest nazywane ciśnieniem przejścia fazowego (P_T). lub innymi słowy, ciśnienie odpowiadające G zbliżającemu się do zera jest P_T. Faza, w której wolna energia staje się bardziej negatywna, staje się stabilna termodynamicznie.

1.3 WPROWADZENIE DO PROGRAMU "GIBBS

GIBBS jest programem napisanym w języku Fortran 77 do obliczania różnych właściwości termo dynamicznych ciał stałych z krzywych energetycznych przy użyciu quasi-harmonicznego modelu Debye. Został on opracowany przez *Blanco et al.* [3] w Departamento de Química Física y Analítica, Facultad de Química, Universidad de Oviedo, Oviedo, Hiszpania. Uzyskany zestaw energii całkowitej i jednostkowej objętości komórek za pomocą programu WIEN2k, jak opisano w rozdziale 2, jest używany obok tego stosunku Poissona, a masa cząsteczkowa związku jest również używana w tym programie.

W celu uzyskania wibracyjnej energii swobodnej Helmholtza w funkcji temperatury na wejściach molekularnych używany jest quasi-harmoniczny model Debye. Nierównoważna energia Gibbsa jest następnie minimalizowana w każdej temperaturze *T* i ciśnieniu *P*, aby uzyskać równanie stanu (EOS) i potencjału chemicznego. Dopasowując formularze analityczne do danych ciśnienie-objętość można uzyskać kilka standardowych parametrów EOS, tj. temperaturę Debye $\theta(V)$, nierównoważną funkcję Gibbsa $G(V\ ;\ P,\ T)$ i minimalizuje *G* w celu uzyskania termicznego równania stanu (EOS) $V(P,\ T)$ i potencjału chemicznego $G(P,\ T)$ odpowiedniej fazy.

Biorąc pod uwagę energię ciała stałego (*E*) w funkcji objętości molekularnej (*V*), inne właściwości makroskopowe są również wyprowadzane w funkcji *P* i *T* ze standardowych relacji termodynamicznych. Program koncentruje się na uzyskaniu jak największej ilości informacji termodynamicznych z minimalnego zestawu danych *(E, V), dzięki czemu nadaje się* do analizy wyników kosztownych elektronicznych obliczeń struktury, dodając efekty cieplne przy niskich kosztach obliczeniowych. Każdy z trzech szeroko stosowanych w literaturze przedmiotu analitycznych EOS może być dopasowany do danych P - $V(P,\ T)$, dając alternatywny zestaw izotermicznych modułów masowych i ich pochodnych ciśnieniowych, które mogą być podawane do maszyny modelu Debye.

Quasi-harmoniczny model Debye, w którym nierównoważna funkcja *Gibbsa* jest zapisana jako $G^*(V;\ P,\ T)$.

$$G^*(V;P,T) = E(V) + PV + A_{Vib}[\theta(V);T] \quad (9)$$

gdzie *E(V)* jest całkowitą energią na komórkę, *P* odpowiada stałemu ciśnieniu hydrostatycznemu, *V* reprezentuje jednostkową objętość komórki, *T* temperaturę, θ*(V)* temperaturę Debye, a A_{Vib} termin wibracyjny, który może być zapisany przy użyciu modelu Debye gęstości fonicznej stanów jako

$$A_{Vib}(\theta;T) = nkT\left[\frac{9\theta}{8T} + 3\ln(1-e^{-\theta/T}) - D\left(\frac{\theta}{T}\right)\right] \qquad (10)$$

Tutaj n to liczba atomów na jednostkę wzoru, *D(θ/T)* całka Debye. Dla ciała stałego anizotropowego, θD wyraża się jako [3]

$$\theta_D = \frac{\hbar}{k}\left[6\pi^2 V^{1/2} n\right]^{1/3} f(\sigma)\sqrt{\frac{B_s}{M}} \qquad (11)$$

W tym równaniu *M* jest masą cząsteczkową, a *Bs* adiabatycznym modułem masowym, który jest przybliżony za pomocą ściśliwości statycznej jako [11].

$$B_s \cong B(V) = V\frac{d^2E(V)}{dV^2} \qquad (12)$$

W równaniu (11) *f (σ) przyjmuje* się wartość podaną w Refs. [11-14].

Nierównoważna funkcja *Gibbsa G*(V; P, T)* jest zminimalizowana w odniesieniu do objętości *V* jako

$$\left[\frac{\partial G^{*}V(V,P,T)}{\partial V}\right]_{P,T} = 0 \qquad (13)$$

Rozwiązując równanie (13) można uzyskać cieplne równanie stanu (EOS) *V (P, T)*. Pojemność cieplną (c_V), entropię (*S*) i współczynnik rozszerzalności cieplnej (α) uzyskuje się za pomocą zależności podanych w [15] jako

$$C_V = 3nk\left[4D\left(\frac{\theta}{T}\right) - \frac{3\theta/T}{e^{\theta/T}-1}\right] \qquad (14)$$

$$S = nk\left[4D\left(\frac{\theta}{T}\right) - 3\ln\left(1-e^{-\theta/T}\right)\right] \qquad (15)$$

$$\alpha = \frac{\gamma C_V}{B_T V} \quad (16)$$

W równaniu tym znajduje γsię parametr Gruneisen zdefiniowany jako

$$\gamma = -\frac{d \ln \theta(V)}{d \ln V} \quad (17)$$

Tak więc dzięki quasi-harmonicznemu modelowi Debye można było obliczyć wielkości termodynamiczne przy dowolnej temperaturze i ciśnieniu z wykorzystaniem energii całkowitej w porównaniu z jednostkowymi danymi dotyczącymi objętości komórek w warunkach otoczenia.

Powyższa metodologia została wykorzystana do badania właściwości strukturalnych, elektronicznych i cieplnych monopniktydów iterbowych (YbX, X=N, P i As) w następnym rozdziale.

1.4 REFRENCJE

[1] W. Kohn i L. J. Sham, *Phys. Rev.,* **140**, A1133 (1965).

[2] P. Blaha, K. Schwarz, G.K.H. Madsen, D. Kvasnicka i J. Luitz, w WIEN2k, *An Augmented Plane Wave + Local Orbitals Program for Calculating Crystal Properties, pod redakcją* K. Schwarza (Technical Universität Wien, Austria), ISBN 3-9501031-1-2, (2001).

[3] M. A. Blanco, E. Francisco i V. Luaña, GIBBS: *izotermiczno-izobaryczna termodynamika ciał stałych z krzywych energetycznych przy użyciu quasi-harmonicznego modelu Debye, Comput. Phys. Commun.,* **158**, 57 (2004).

[4] P. Hohenberg i W. Kohn. *Phys. Rev. B,* **136**, 864 (1964).

[5] J. P. Perdew, S. Burke i M. Ernzerhof, *Phys. Rev. Lett.* , **77**, 3865 (1996).

[6] E. Engel i S. H. Vosko, *Phys. Rev. B,* **47**, 13164 (1993).

[7] V. I. Anisimov, I. V. Solovyev, M. A. Korotin, M. T. Czyzyk, G. A. Sawatzky, *Phys. Rev. B,* **48**, 16929 (1993).

[8] G. K. H. Madsen i P. Novak, *Europhys. Lett.*, **69**, 777 (2005).

[9] H. J. Monkhorst i J. D. Pack, *Phys. Rev. B,* **13**, 1758 (1976).

[10] F. D. Murnaghan, *Proc. Natl. Acad. Sci.* USA, **30**, 244 (1944).

[11] M. A. Blanco, A. M. Pendás, E. Francisco, J. M. Recio i R. Franco, *J Mol. Strukturę. Theochem.* , **368**, 245 (1996).

[12] M. Flórez, J. M. Recio, E. Francisco, M. A. Blanco i A. M. Pendás, *Phys. Rev. B,* **66**, 144112 (2002).

[13] E. Francisco, J. M. Recio, M. A. Blanco i A. M. Pendás, *J. Phys. Chem.* **102**, 1595 (1998).

[14] E. Francisco, M. A. Blanco i G. Sanjurjo, *Phys. Rev. B,* **63**, 094107 (2001).

[15] R. Hill, *Proc. Phys. Soc. Londyn. A*, **65**, 349 (1952).

ROZDZIAŁ 2

BADANIA *AB-INITIO* WŁAŚCIWOŚCI STRUKTURALNYCH, ELEKTRONICZNYCH, MAGNETYCZNYCH I TERMICZNYCH MONOPINIKTYDÓW ITROWYCH

"Nauka jest sposobem myślenia znacznie bardziej niż ciałem wiedzy".
---- Carl Sagan...

Ten rozdział rozpoczyna się od wprowadzenia do monopiniktydów iterbowych (YbX, X=N, P i As), a następnie szczegóły obliczeniowe wykorzystywane do analizy różnych właściwości krystalicznych tych związków. Przeprowadziliśmy symulację właściwości strukturalnych, elektronicznych, magnetycznych i cieplnych związków YbN, YbP i YbAs oraz omówiliśmy uzyskane przez nas wyniki obliczeń i porównaliśmy je z innymi wartościami teoretycznymi i doświadczalnymi.

2.1 WPROWADZENIE

Badania nad wysokociśnieniowymi zachowaniami strukturalnymi dwuskładnikowych związków pierwiastków ziem rzadkich (RE), w szczególności rozpatrywanych materiałów, są obecnie przedmiotem zainteresowania w badaniach skondensowanej materii. Bardzo niewiele uwagi teoretycznej poświęcono tym związkom. Bardzo niewielka ilość teoretycznych obliczeń jest dostępna w różnych fazach. Szukając rozproszonych i niepełnych informacji na temat różnych właściwości kryształów i motywując się dostępnością sterty danych doświadczalnych na temat monopiniktydów iterbowych (YbX), tj. związków YbN, YbP i YbAs, które są mniej zbadane teoretycznie, podjęliśmy obecny problem, aby dostarczyć obszernej analizy teoretycznej na temat różnych właściwości materiałów tych związków o strukturze sześciennej przy użyciu podejścia pełnego potencjału. Niniejsze badania koncentrują się na badaniu różnych właściwości kryształów, *tj.* optymalizacji parametrów sieci (a, b, c), modułu masowego (B0) oraz ciśnieniowej pochodnej pierwszego rzędu modułu masowego (B0′), energii całkowitej (E0), energii wolnej od Gibbsa (GF) we wszystkich rozważanych fazach, ciśnienia przejścia fazowego (PT), V0(B2)/V0(B1), struktury pasma elektronicznego, właściwości magnetycznych, gęstości stanów (DOS) oraz prognozowanego / częściowego DOS (PDOS). Oprócz tego mamy również symulowane właściwości termodynamiczne, takie *jak:* parametr Gruneisen, temperatura Debye, ciepło właściwe (*CV* i *CP*), współczynnik rozszerzalności cieplnej, energia wewnętrzna, swobodna energia Gibbsa oraz entropia z ciśnieniem i temperaturą w strukturze NaCl (B1).

Stwierdzono, że związki monopniktydów iterbowych mają sześciokrotną strukturę skoordynowaną w warunkach otoczenia. Istotną cechą tych związków jest to, że jest to semimetal w fazie macierzystej. Azotek iterbowy ma zdolność do absorpcji znacznych ilości amoniaku w temperaturze pokojowej. Monopiktydy ziem rzadkich na ogół mają niską nośność i silnie skorelowane układy elektronowe [1-3]. Ze względu na te interesujące właściwości należy zbadać wysokociśnieniowe strukturalne, elektroniczne zachowania magnetyczne i termiczne dwuskładnikowych związków YbN, YbP YbAs. W tych związkach jon Yb jest w przeważającej mierze trójwartościowy z jednym otworem 4f. W literaturze opisano kilka badań eksperymentalnych nad związkami monopniktydów Yb. Na przykład, elektronika, refleksyjność optyczna, namagnesowanie i wrażliwość związku YbN zostały zbadane doświadczalnie przez Degiorgi *i wsp.* [1], a właściwości fizyczne Yb-monopiniktydów przez Li *i wsp.* [2]. Hayashi *i wsp.* [3] zmierzyli wzór dyfrakcji rentgenowskiej przy użyciu promieniowania synchrotronowego do 63 GPa w temperaturze pokojowej. Badali również przejścia fazowe YbX (X=P, As i Sb) o strukturze typu NaCl-. Eksperymentalnie faza wysokiego ciśnienia YbN, YbP i YbAs są nieznane, podczas gdy związek YbSb przechodzi fazę strukturalną pierwszego rzędu z NaCl (B1) do CsCl (B2) struktury w 13,0 GPa. Z drugiej strony, Larson *i wsp.* [4] obliczyli struktury elektroniczne azotków RE w strukturze soli kamiennej przy użyciu schematu LSDA+U w ramach podejścia teorii gęstości funkcjonalnej. Jha *i wsp.* [5] badali indukowaną ciśnieniowo transformację fazową strukturalną w piktydach iterbowych przy użyciu podejścia potencjału interatomowego opartego na sztywnym modelu jonowym, który uwzględnia tylko oddziaływania krótkiego zasięgu typu Coulomba i Born-Mayera. Ostatnio Yang *i wsp.* [6] badali właściwości sprężyste i twardość azotków lantanowców przy użyciu pierwszego podejścia zasadniczego.

Zgodnie z naszą wiedzą, jak dotąd nie podjęto żadnej teoretycznej próby przewidzenia strukturalnych przemian fazowych, właściwości elektronicznych, magnetycznych i termicznych YbN, YbP i YbAs w NaCl (B1), CsCl (B2), ZnS (B3) i body centtered tetragonalnych (BCT) struktur w warunkach otoczenia, jak również w wysokich ciśnieniach i wysokich temperaturach. Zastosowanie YbX(X=N, P, As) zmotywowało nas do zbadania parametrów fizycznych tych związków. W niniejszym rozdziale zbadaliśmy więc własności strukturalne, elektroniczne, magnetyczne i cieplne tych związków w strukturach B1, B2, B3 i BCT.

2.2 SZCZEGÓŁY OBLICZENIOWE

Powyższe właściwości zostały obliczone w różnych fazach z wykorzystaniem pełnego potencjału liniowej rozszerzonej fali płaskiej plus orbity lokalne (FP-LAPW + lo) [7] w ramach metody *ab-initio* teorii funkcjonalnej gęstości (DFT) [8], wdrożonej w pakiecie WIEN2k [9]. W niniejszym opracowaniu zastosowano podejście GGA-PBE [10] do optymalizacji jednostkowych parametrów komórek. Do obliczeń właściwości elektronicznych monopiktydów Yb przyjęto lokalne przybliżenie gęstości spinowej (LSDA) + korektę Hubbard'a (U) z podejściem spinowego sprzężenia orbitalnego (SOC) [11, 12]. Zaczynając od różnych kombinacji wartości potencjału przesiewowego Coulomba (U) i sprzężenia wymiennego (J) dla 4f orbit w Yitterbie stwierdziliśmy, że U=3,94 i J=0,0 eV jest najlepszą kombinacją, ponieważ w wykresie struktury pasm odpowiadającym temu zestawowi wartości położenie wolnych *pasm* (0,18 eV) jest w dobrej zgodzie z obserwowaną eksperymentalnie wartością (0,20 eV). Dla YbP i YbAs wykres struktury pasma uzyskany dla U=8,0 i U=8,84 eV i J=0,0 wykazuje charakter semimetaliczny, co jest zgodne z doświadczalną obserwacją jego charakteru. Dlatego dla właściwości elektronicznych YbN, YbP i YbAs, odpowiednio, U=3,94, J=0,0 eV, U=8,0, J=0,0 eV i U=8,84 eV J=0 eV zostały użyte dla 4f orbit w Yitterbie.

Parametr konwergencji Rmt*Kmax, który kontroluje wielkość podstawy ustalonej w obliczeniach, został ustawiony na 7. Zbieżne wartości promieni muffinów dla YbN, YbP i YbAs podane są w tabeli 2.1. Funkcje falancerskie wewnątrz blaszanych kulek muffinu zostały rozszerzone do lmax=10, a gęstość ładunku Fouriera do Gmax=12 $(u.s.)^{-1}$. Cewki nad pierwszą strefą Brillouina (BZ) zostały wykonane w siatce 10×10×10 dla wszystkich faz w nieredukowalnym BZ przy użyciu specjalnego podejścia k-pointów Monkhost-Pack [13]. Zarówno odcięcie Fali Samolotowej jak i liczba punktów k zostały zoptymalizowane w celu zapewnienia całkowitej konwergencji energetycznej. Samodzielne obliczenia są zbieżne do dokładności 10-4 Ry w całkowitej energii systemu.

2.3 Wyniki i dyskusje

2.3.1 Właściwości strukturalne stanu gruntu

W celu zbadania właściwości stanu gruntu związków azotku itruku (YbN), fosforku itruku (YbP) i arsenku itruku (YbAs) zoptymalizowaliśmy wartość Rmt. Rysunek 1(a) przedstawia wykresy energii całkowitej w funkcji promienia cyny muffinowej Yb dla różnych wartości promienia cyny muffinowej dla N. Rysunek 1(b) przedstawia wykresy energii całkowitej w funkcji promienia cyny muffinowej N dla różnych wartości promienia cyny muffinowej dla Yb. Z tych liczb wynika, że konwergencja energii ma miejsce dla Rmt = 2,3 a.u w atomie Yb i Rmt = 1,4 a.u w atomie N YbN. Na podobnym podłożu uzyskaliśmy optymalną wartość Rmt dla atomów Yb, P i Jak w związkach YbP i YbAs. Zoptymalizowane promienie cyny muffinowej różnych atomów w związkach YbN, YbP i YbAs przedstawiono w tabeli 2.1. Punktem wyjścia wszelkich obliczeń jest określenie parametrów kraty, takich jak stała kratowa. Stała siatki (a) dowolnego materiału odpowiada wielkości konwencjonalnej jednostkowej długości ogniwa przy objętości równowagi i jest uzyskiwana obliczeniowo poprzez minimalizację energii całkowitej w funkcji objętości ogniwa. Obliczenia teoretycznej stałej kratowej są proste dla układów sześciennych, jednopunktowe obliczenia energii wykonywane są dla różnych objętości przy użyciu tego samego odcięcia energii kinetycznej i próbkowania *k-punktowego*, a wyniki są dopasowane do równania stanu Murnaghana. Aby uzyskać stałe siatki równowagi, wykonuje się szereg obliczeń dla masowych związków YbN, YbP i YbAs w strukturze NaCl poprzez zmianę objętości wejściowej w zakresie od -20% do +20%.

Dla faz B1, B2, B3 i BCT obliczono stałą kraty równowagi, moduł masowy, jej pochodną ciśnienia i energię całkowitą YbN, YbP i YbAs. Grupa przestrzeni, jej numer seryjny i pozycje atomów w fazie B1 związków YbX wynoszą odpowiednio Fm-3m, 225, (Yb:0, 0, 0; X: , ½, ½, ½). Podobnie dla YbX są to wejścia: dla fazy B2 Pm-3m, 221 i (Yb: 0, 0, 0; X: ½, ½, ½); dla fazy B3 F-43m, 216 i (Yb: 0, 0, 0; X: ¼, ¼, ¼); dla BCT P4/mmm, 123 i (Yb: 0, 0, 0; N: ½, ½, ½). Powyższe parametry uzyskuje się poprzez zminimalizowanie energii całkowitej związków obliczonej w różnych objętościach i dopasowanie ich do równania stanu Murnaghana [14] w warunkach otoczenia. Wykresy energii całkowitej w funkcji objętości ogniw dla faz B1, B2, B3 i BCT przedstawiono na rysunkach 2(a), 2(b) i 2(c) odpowiednio dla związku YbN YbP i YbAs. Z krzywych tych wynika, że struktura B1 jest we wszystkich przypadkach najbardziej stabilna przy ciśnieniu otoczenia. Obliczone stałe kratowe równowagi dla związków YbN, YbP i YbAs w fazie B1 wynoszą odpowiednio 4,81 Å, 5,62 Å i 5,81 Å. Te wartości stałych kratowych są bardzo dobrze zgodne z wartościami doświadczalnymi a= 4,781 Å [1] dla YbN, 5,552 Å [3] dla YbP i 5,708 Å [3] dla YbAs. Moduł luzem *B0* opisuje zmianę nośności lub wytrzymałości materiału na jego objętość. Jest on definiowany jako stosunek zmiany ciśnienia hydrostatycznego działającego na objętość do dylatacji. Obliczone wartości *B0* w fazie B1 wynoszą odpowiednio 137,36, 65,96 i 58,14 GPa dla związków YbN, YbP i YbAs. Uzyskane wyniki przedstawiono w tabeli 2.2 wraz z dostępnymi wartościami doświadczalnymi [1-3] i innymi teoretycznymi [4-6]. Z tabeli 2.2 wynika, że nasze wartości obliczone dla B0 i B0′ są bliższe zmierzonym, jak również wcześniej zgłoszonym wynikom teoretycznym.

2.3.2 Przemiana strukturalna pod wysokim ciśnieniem

Przy zastosowaniu wysokiego ciśnienia, obliczenia pokazują, że w tych związkach pojawia się nowa faza krystaliczna, a względna stabilność czterech struktur krystalicznych wymaga bardziej precyzyjnych obliczeń. W tej części omówiono przejście fazowe ze struktury NaCl do struktury CsCl lub struktury tetragonalnej ciała w przypadku monopniktydów iterbowych. Przy danej temperaturze i ciśnieniu, system termodynamiczny będzie dążył do zminimalizowania darmowej energii Gibbsa. $G = E + PV - TS$. W miarę zwiększania się ciśnienia, będzie to wyraźnie sprzyjać fazie niższej objętości i w ten sposób nastąpi przejście fazowe. W celu omówienia względnej stabilności czterech struktur krystalicznych i wywołanego ciśnieniem przejścia fazowego, niezbędne jest oszacowanie swobodnej energii Gibba dla danych faz przy różnych ciśnieniach. Przy danym ciśnieniu stabilna struktura to taka, dla której entalpia ma swoją najniższą wartość i oblicza się ciśnienia przejściowe (PT), przy których entalpie dla obu faz są równe. Wykres entalpii i ciśnienia dla YbN, YbP i YbAs przedstawiono odpowiednio na rysunkach 3(a), 3(b) i 3(c).

Na podstawie tych danych można stwierdzić, że entalpia pozostaje minimalna do 163,9 GPa dla YbN i 33,6 GPa dla YbP w fazie macierzystej (B1). Przy 164,0 i 33,7 entalpii GPa w obu fazach stają się równe dla YbN i YbP, co pokazuje, że obie fazy znajdują się w równowadze pod tym ciśnieniem, stąd w tym momencie następuje strukturalna transformacja fazowa. W przypadku YbAs przechodzi on z fazy B1 do BCT o 18,21 GPa, a następnie przechodzi do fazy B2 o 21,62 GPa. Wartości V0(B2)/V0(B1) wraz z PT zostały przedstawione w tabeli 2.3 wraz z innymi danymi teoretycznymi.

2.3.3. Właściwości elektroniczne związków YbN, YbP i YbAs

Rozkład energetyczny elektronów w pasmach walencyjnych i przewodzących jest istotnym składnikiem w określaniu właściwości elektronicznych ciał stałych. Stałe siatki równowagi są używane do obliczania struktur pasma elektronicznego i gęstości stanów dla monopniktydów iterbowych. Obliczone struktury pasm elektronicznych YbN, YbP i YbAs w (B1) i (B2) przedstawiono odpowiednio na rysunkach 4(a), 4(b), 5(a), 5(b), 6(a) i 6(b). Przyjęliśmy poziom energii Fermi (EF) jako zero skali energetycznej. Struktury pasm energetycznych są obliczane po drodze, która zawiera wysokie punkty symetrii pierwszej strefy Brillouina, a mianowicie W→L→Γ→X→W→K.

Schemat LSDA+U z SOC został wykorzystany do obliczenia struktury pasma elektronicznego i częściowej gęstości stanów w fazie B1 i B2 przy stałej kratownicy równowagi. Struktura elektroniczna i częściowa gęstość stanu (PDOS) dla YbN o U=3,94 eV i J=0,0 eV w fazie B1 i B2 zostały wykreślone odpowiednio na rysunku 4(a) i 4(b). Te działki dostarczają jakościowego wyjaśnienia atomowego i orbitalnego pochodzenia różnych państw pasma. Z rysunku 4(a) wynika, że pasmo przewodzenia jest głównie spowodowane stanami 5d i 6p Yb, wraz z jednym pustym stanem 4f Yb. Z rysunku 4(a) wynika również, że najniższe pasmo około -11.49 do -13.63 eV wynika głównie z charakteru N *s*, który jest oddzielony z zajmowanych stanów Yb 4f przez lukę energetyczną 3.86 eV, podczas gdy jeden pusty wolny poziom energii 4f znajduje się około 0.18 eV powyżej E_F, co jest miłym uzgodnieniem z eksperymentalną wartością 0.2 eV. Trzy zajęte pasma *p* w N ustawione na około 0,05 do -5,0 eV hybrydowały z zajętymi stanami 4f Yb. Oczywiste jest również, że dwa pasma z pasma przewodzącego zanurzają się w dół poziomu Fermi czyniąc je półmetalowymi. Odpowiednia dawka częściowa przedstawiała również charakter półmetyczny z nieznaczną gęstością stanu na poziomie Fermi. Jest to zgodne z wynikami przedstawionymi w literaturze. Poza tym obliczyliśmy strukturę pasma i częściową gęstość stanu YbN w fazie B2 i wykreśliliśmy je na rysunku 4(b). Widać, że szerokość stanów *p* N zmniejsza się pod naciskiem i hybrydyzują się one z *pasmami f*. Pod wpływem kompresji, *pasma f* przesuwają się w górę i znajdują się w okolicach -4,05 do -6,32 eV. Dwa z pasm *p* przekraczają poziom

Fermiego, a jedno wolne *pasmo f-band zanurza się na* dnie pasma przewodzącego wykazując metalizację.

Elektroniczna struktura pasma i PDOS YbP z U=8,0 i J=0,0 eV wzdłuż kierunków wysokiej - symetrii w BZ fazy B1 i B2 zostały przedstawione odpowiednio na rysunku 5(a) i 5(b). Podobny trend w strukturze elektronicznej obserwuje się w YbN, z wyjątkiem różnicy w położeniu pasm. YbP jest więc również półmetaliczny w fazie B1 i metaliczny w fazie B2.

Obliczone elektroniczne krzywe rozpraszania pasma YbAs w fazie B1 i B2 są przedstawione odpowiednio na rys. 6 lit. a) i 6 lit. b). Na rysunku 6 (a) maksymalne wartości pasma walencyjnego (VBM) i minimalne wartości pasma przewodzenia (CBM) YbAs nie znajdują się w tym punkcieΓ. W tym przypadku VB maxima leży w punkcie Γ, a CB minima w punkcie X strefy Brillouina, co powoduje ujemną pośrednią szczelinę pasma energii. Z obliczeń elektronicznej struktury pasma YbAs wynika, że struktura pasma ma charakter półmetaliczny z małym nakładaniem się na siebie górnej części pasma walencyjnego i dolnej części pasma przewodzącego. W celu wsparcia charakteru struktur pasm elektronicznych na Rysunku 6(a) i 6(b) przedstawiliśmy również wykres PDOS YbAs dla poszczególnych komórek. Względne natężenia poszczególnych szczytów są nieco inne, co oznacza, że lokalne środowiska Yb i As są różne.

2.3.4 Właściwości magnetyczne

Moment magnetyczny dowolnego związku wskazuje na wewnętrzny udział spinu elektronów. W spinowym, rozwiązanym obliczeniu moment magnetyczny jest wartością całkowitą charakteryzującą cechy oddziaływań orbitalnych. Całkowity moment magnetyczny dla monopiniktydów iterbowych w strukturze B1 przy ich teoretycznych stałych kratowych równowagi podano w tabeli 2.4. Z tabeli 2.4 wynika, że YbN, YbP i YbAs są ferromagnetyczne. W związkach ferromagnetycznych całkowity moment magnetyczny jest udziałem pierwszego atomu (kationu), drugiego atomu (anionu) i obszaru międzywęzłowego. Główny wkład w całkowity spinowy pęd magnetyczny jest spowodowany atomem Yb, a bardzo mniejszy wkład pochodzi z regionów śródmiąższowych, słaby wkład z powodu atomu N i słaby pęd anty-magnetyczny z powodu atomów P i As. Otrzymany moment magnetyczny dla YbN, YbP i YbAs wynosi, odpowiednio, 0,999, 0,998 i 1,00 μB w strukturze B1. Stwierdzono, że azot (1s2, 2s2,2p3) ma nieznacznie mały moment lokalny w porównaniu z atomami 4f. Zbieżne wartości całkowitego spinowego momentu magnetycznego na jednostkę komórki dla YbN, YbP i YbAs można wyjaśnić na podstawie zasady Slatera "8", to jest (Zt-8), gdzie Zt jest całkowity ładunek stanów walencji atomów w związku.

Nasycenie namagnesowania może być zrozumiałe ze względu na przenoszenie ładunku z powłok Yb do powłok *2p* N, P i As. Odpowiadając na niższe wartości stałych kratowych, przeniesienie ładunku z Yb do N w celu zakończenia jego oktetu nie jest faworyzowane ze względu na silne oddziaływanie pochodzące z hybrydyzacji N-2p i Yb-4f. Jednakże, z powodu ekspansji w komórce jednostkowej, ta hybrydyzacja jest zredukowana i atom Yb ma tendencję do konfiguracji z elektronami walencyjnymi 4f13, które zgodnie z regułą Hunda, wytwarzają moment magnetyczny 1 μB. Oznacza to, że ekspansja (kompresja) komórki jednostki ma tendencję do przekształcania materiałów w bardziej ferromagnetyczne.

2.3.5 Właściwości termo-dynamiczne

Do badania właściwości termodynamicznych związków monopniktydów iterbowych w wysokiej temperaturze i ciśnieniu zastosowano program Gibbsa [15] oparty na quasiharmonicznym modelu Debye [16-19]. Uzyskany zestaw całkowitej energii i jednostkowej objętości ogniwa jest wykorzystywany do dopasowania do równania stanów Murnaghana. Uzyskane współczynniki są wykorzystywane do znalezienia energii całkowitej dla około 400 różnych wartości jednostkowej objętości ogniwa. Uzyskany zestaw danych jest wykorzystywany jako część wejścia w programie Gibbs. Inne wymagane nakłady w tym programie to masa atomowa związku (187,047, 204,013 i 247,961 g/mol odpowiednio dla YbN, YbP i YbAs), przydział poissonu (0,20, 0,30 i 0,35 odpowiednio dla YbN, YbP i YbAs), różne wartości temperatury i ciśnienia. Po wykonaniu programu Gibbsa zapewnia on różne właściwości termodynamiczne w funkcji ciśnienia i temperatury z standardowych relacji termodynamicznych. Właściwości termiczne związków YbN, YbP i YbAs określane są w zakresie temperatur od 0 do 2000 K, gdzie ciśnienie waha się od 0 do 60 GPa. Obliczone parametry termo dynamiczne w fazie B1 w warunkach otoczenia i w wysokiej temperaturze przedstawiono w tabeli 2.5. Zmiany objętości wraz z ciśnieniem, jak również temperatury dla YbN, YbP i YbAs przedstawiono odpowiednio na rys. 7(a) i 7(b). Dla tych związków jednostkowa objętość komórek zmniejsza się wraz ze wzrostem ciśnienia. Jednostkowe objętości komórek przy P = 0 GPa i T = 0 K wynoszą 189,01, 301,32 i 332. 74 bohr3 natomiast przy 300 K wynosi 190,34, 304,75 i 336,82 bohr3 odpowiednio dla YbN YbP i YbAs. Ponieważ jednostkowa objętość komórki YbP jest więcej niż półtora razy większa od jednostkowej objętości komórki YbN, zatem szybkość zmiany objętości w pobliżu zera ciśnienia jest większa w przypadku YbP. Na wykresach objętość w stosunku do temperatury, objętość wzrasta wraz ze wzrostem temperatury. Odpowiadanie na większe zmiany temperatury jest nieco większe.

Zależność modułu masowego (*B0*) YbN od temperatury i ciśnienia przedstawiono na rysunku 8(a). W warunkach otoczenia *Bs* YbN, YbP i YbAs wynosi 136,38, 64,72 i 57,96 GPa, podczas gdy przy 300 K wynosi 132,69, 62,32 i 57,23 GPa w niniejszej pracy. Zmiany temperatury w trybie czuwania z ciśnieniem są przedstawione na rysunku 8(b) w temperaturze 0, 300 i 1500 K. Wpływ wysokiego ciśnienia i wysokiej temperatury na temperaturę w trybie czuwania jest widoczny na rysunku 8(b). Wraz ze wzrostem ciśnienia zwiększa się również wahanie temperatury Debye. Parametr Gruneisena (γ) został wykreślony w temperaturach 0, 300 i 1500 K na rysunku 8(c). Wyświetla on zależność ciśnieniową parametru Gruneisena γ (P). Parametr Gruneisen jest wykorzystywany do badania struktury wewnętrznej i właściwości termicznych stałej sieci krystalicznej, ponieważ odgrywa ważną rolę w badaniach udziału drgań sieci w ogólnych właściwościach półprzewodników. Jest to miara wibracyjnej anharmoniczności. W obecności harmoniczności, częstotliwości fonetyczne są zależne od głośności, a ta zależność od głośności częstotliwości fonetycznych charakteryzuje się parametrem Gruneisen. Zróżnicowanie parametru Gruneisen w odniesieniu do wzrostu ciśnienia jest bardzo interesujące. Przy temperaturze 0 K jego wartość spada wraz ze wzrostem ciśnienia do 30 GPa.

Przy dalszym wzroście ciśnienia parametr Gruneisen zaczyna wzrastać. Na rysunku 8(d) pokazano współczynnik rozszerzalności cieplnej (α) w różnych temperaturach. Z działek widać, że w danej temperaturze, α zmniejsza się wraz ze wzrostem ciśnienia. Zmiany entropii przy ciśnieniu w temperaturze 300 i 1500 K przedstawione są na rysunku 8(e). Pod względem mikroskopowym definiuje się to jako miarę zaburzeń w układzie. Zmniejsza się ona również wraz ze wzrostem ciśnienia. Zależności między współczynnikiem rozszerzalności cieplnej i temperaturą przy różnych ciśnieniach dla związku YbP przedstawiono na rysunku 9. Rysunek ten pokazuje, że dla danego ciśnienia *α*wzrasta ono wraz ze wzrostem temperatury do ~ 400 K, a następnie spada do 600 K przy dalszym wzroście krzywej temperatury staje się prawie liniowe. Efekt ciśnienia jest bardzo mały w dolnym zakresie temperatur. Ogólną właściwością wszystkich materiałów jest to, że współczynniki rozszerzalności cieplnej powinny zbliżać się do zera przy $T=0$ K. Rysunek 10. pokazuje zmiany *Cv* i *Cp* przy temperaturze dla YbP. Ciepło właściwe zbliża się do stałej wartości 3NKB w wysokiej temperaturze. To są klasyczne wyniki Dulong-petytów, które są przestrzegane w wysokiej temperaturze dla wszystkich ciał stałych. Chociaż charakter harmoniczny może mieć tendencję do niewielkiego obniżenia tej wartości. Obliczone wartości Cv i Cp przy P = 0 GPa i T = 300 K podane są w tabeli 2.5.

2.4 Wnioski

W tym rozdziale przedstawiono wyniki obliczeń właściwości strukturalnych, elektronicznych, magnetycznych i przejścia fazowego YbN, YbP i YbAs metodą FP-LAPW+lo w ramach funkcjonalnej teorii gęstości z wykorzystaniem GGA z podejściem spinolaryzowanym oraz LSDA+U ze sprzężeniem SO, natomiast quasiharmoniczny model Debye służy do badania parametrów termodynamicznych YbN, YbP i YbAs w stabilnej fazie B1.

Obliczone wartości a, B0, B0', PT, V0(B2)/V0(B1) dla związków YbN, YbP i YbAs są porównywane z danymi doświadczalnymi i innymi teoretycznymi, które wykazują dobrą zgodność. YbN i YbP pokazują przejście fazy strukturalnej pierwszego rzędu z B1 do B2 przy kompresji odpowiednio 164,0 i 33,7 GPa. W przeciwieństwie do tego YbAs najpierw przechodzą do BCT o 18,21 GPa, a następnie do fazy B2 o 21,62 GPa. Obliczenia pokazują, że Yb-monopiniktydy są półmetaliczne w fazie B1, a metaliczne w fazie B2. Obliczone zostały również parametry termiczne, takie jak parametr Gruneisen, temperatura Debye, ciepło właściwe (c_V i c_P), współczynnik rozszerzalności cieplnej, energia wewnętrzna, swobodna energia Gibbsa i entropia dla związków YbN, YbP i YbAs w fazie B1 w funkcji ciśnienia i temperatury.

2.5 Odniesienia

[1] L. Degiorgi, W. Bacsa i P. Wachter, *Phys. Rev. B,* **42**, 530 (1990).

[2] D. X. Li, A. Oyamada, K. Hashi, Y. Haga, T. Matsumura, H. Shida, T. Suzuki, T. Kasuya, A. Dönni i F. Hulliger, J. *Mag. Mag. Kolego.* , **140,** 1169 (1995).

[3] J. Hayashi, I. Shirotani, T. Adachi, O. Shimomura i T. Kikegawa, *Phil. Mag.* , **84**, 3663 (2004).

[4] P. Larson i W. R. L. Lambrecht, *Phys. Rev. B,* **75**, 045114 (2007).

[5] P. K. Jha i S. P. Sanyal, *Phys. Stat. Sol. (b),* **205**, 465 (1998).

[6] J. Yang, F. Gao, H. Wang, H. Gou, X. Hao i Z. Li, *Mate. Chem. Phys*., **119**, 499 (2010).

[7] P. Hohenberg i W. Kohn, *Phys. Rev. B*, **136**, 864 (1964).

[8] W. Kohn i L. J. Sham, *Phys. Rev.* , **140**, A1133 (1965).

[9] P. Blaha, K. Schwarz, G. K. H. Madsen, D. Kvasnicka i J. Luitz WIEN2k_11.1 (red.) K Schwarz Techn. Universitat Wien Austria (2001).

[10] J. P. Perdew, S. Burke i M. Ernzerhof, *Phys. Rev. Lett.* , **77**, 3865 (1996).

[11] V. I. Anisimov, I. V. Solovyev, M. A. Korotin, M. T. Czyzyk i G. A. Sawatzky, *Phys. Rev. B*, **48**, 16929 (1993)

G. K. H. Madsen i P. Novak, *Europhys. Lett.* , **69**, 777 (2005).

[13] H. J. Monkhorst i J. D. Pack, *Phys. Rev. B*, **13**, 5188 (1976).

[14] F. D Murnaghan, *Proc. Nat. Acad. Sci.* , *U.S.A.* **30**, 244 (1944).

[15] M. A. Blanco i E. Francisco i V. Luaña, *Comput. Fizyka. Komunikacja.* , **158**, 57 (2004).

[16] M. A. Blanco, A. M. Pendás, E. Francisco, J. M. Recio i R. Franco, *J Mol. Strukturę. Theochem.* , **368**, 245 (1996).

[17] M. Flórez, J. M. Recio, E. Francisco, M. A. Blanco i A. M. Pendás, *Phys. Rev. B* **66**, 144112 (2002).

[18] E. Francisco, J. M. Recio, M. A. Blanco i A. M. Pendás, J. *Phys. Chem.* **102**, 1595 (1998).

[19] E. Francisco, M. A. Blanco i G. Sanjurjo, *Phys. Rev. B*, **63**, 094107 (2001).

[20] R. Hill, *Proc. Phys. Soc. Londyn. A*, **65**, 349 (1952).

Tabela 2.1 : *Zoptymalizowana wartość promienia cyny muffinowej (Rmt) dla związków Yb, N, P i As atom w przypadku związków YbN, YbP i YbAs.*

Rmt atomów w związkach					
YbN		**YbP**		**YbAs**	
Yb	N	Yb	P	Yb	Jak
2.3	1.4	2.5	1.7	2.6	2.1

Tabela 2.2 : *Obliczone wartości dla parametru kratowego (a w Å), modułu masowego (B0 w GPa), jego pochodnej ciśnienia (B0') i energii całkowitej (E0 w Ry) dla faz YbN, YbP i YbAs w B1, B2, B3 i BCT wraz z dostępnymi wartościami doświadczalnymi i innymi wartościami teoretycznymi.*

Materiał	**Faza**	**Grupa kosmiczna**	**a**	**B0**	**B0'**	**E0**	**Sędzia sprawozdawca.**
YbN	B1	*Fm-3m*	4.810	137.36	3.95	-28261.560	Obecny
			4.781	-	-	-	Ekspt.[1]
			4.787	-	-	-	Ekspt.[2]
			4.78	190.00	-	-	Inni [4]
			4.78	-	-	-	Inni [5]
			4.83	136.00			Inni [6]
	B2	*Pm-3m*	2.98	119.51	4.11	-28261.453	Obecny
	B3	*F-43m*	5.19	101.49	3.97	-28261.513	Obecny
YbP	B1	*Fm-3m*	5.62	65.96	4.26	-28836.241	Obecny
			5.545				Ekspt.[2]
			5.552	104±3	3.3±0.2		Ekspt.[3]
			5.55				Inni[5]
	B2	*Pm-3m*	3.46	64.74	3.92	-28836.200	Obecny
	B3	*F-43m*	6.30	41.13	3.91	-28836.153	Obecny
YbAs	B1	*Fm-3m*	5.810	58.14	3.74	-32674.209	Obecny
			5.694				Ekspt.[2]
			5.708	85±4	5.0±0.4		Ekspt.[3]
	B2	*Pm-3m*	3.57	57.88	3.92	-32674.180	Obecny
	B3	*F-43m*	6.53	35.0	3.91	-32674.123	Obecny
Materiał	**Faza**	**Grupa kosmiczna**	**c/a**	**B0**	**B0'**	**E0**	**Sędzia sprawozdawca.**
YbN	BCT	*P4/mmm*	0.91	123.08	4.85	-28261.444	Obecny
YbP	BCT	*P4/mmm*	0.89	66.36	4.10	-28836.202	Obecny
YbAs	BCT	*P4/mmm*	0.88	57.50	4.13	-32674.182	Obecny

Tabela 2.3 : *Ciśnienie przejścia fazowego (P_T w GPa) oraz stosunek objętości równowagi fazy B2 do objętości równowagi fazy B1, (V0(B2)/V0(B1) wraz z innymi teoretycznymi danymi dla YbN, YbP i YbAs.*

Solidny	**P_T (B1 do B2)**		**V0(B2)/V0(B1)**	**Sędzia sprawozdawca.**
YbN	164.0		0.9463	Obecny
	164.0		0.8549	Inni [5]
YbP	33.7		0.9285	Obecny
	115.0		0.8646	Inni [5]
YbAs	B1 do BCT	B1 do B2	0.9309	Obecny
	18.21	21.62		
	95.0		0.8773	Inni [5]

Tabela: 2.4 *Całkowity moment magnetyczny monopiniktydów iterbu wraz z atomem metali ziem rzadkich, azotu, fosforu i arsenku i wkład międzywęzłowy w sieci równowagi stałej w fazie NaCl.*

Składniki	**Moment magnetyczny (w μB) w fazie NaCl**				**Sędzia sprawozdawca.**
	Atom ziem rzadkich	N,P i As	Region śródmiąższowy	Razem	
YbN	0.97137	0.01141	0.01667	0.999	Obecny
YbP	0.99576	-0.00260	0.00515	0.998	Obecny
YbAs	1.00108	-0.0357	0.00302	1.000	Obecny

Tabela 2.5: *Parametry dynamiki termoelektrycznej w fazie stabilnej NaCl YbN, YbP i YbAs przy P = 0 GPa i T = 0 i 300 K.*

Parametr termiczny	YbN		YbP		YbAs	
	przy P=0, T=0 K	**przy *P=0, T=300* K**	**przy P=0, T=0 K**	**przy *P=0, T=300* K**	**przy P=0, T=0 K**	**przy *P=0, T=300* K**
V(bohr3)	189.01	190.34	301.32	304.75	332.74	336.82
□□(10^5/K)	0.0	3.69154	0.0	4.85856	0.0	5.03512842
B0 (GPa)	136.38	132.69	64.72	62.32	57.96	57.23
B0'	3.93	3.85	3.69	3.72	3.74	3.6331
Cv (J/mol K)	0.0	45.61	0.0	48.84	0.0	49.08971
CP (J/mol K)	0.0	46.54	0.0	50.04	0.0	50.36482
γ	1.83	1.83	1.68	1.69	1.718	1.720
θD (K)	410.57	405.33	199.51	195.74	174.20	170.6
S(J/mol K)	0.0	53.71	0.0	88.35	0.0	95.0776
U	7.68	16.3	3.73	15.28	3.26	15.21
G	-608.83	-616.16	-183.27	-198.04	-326.6	-342.98

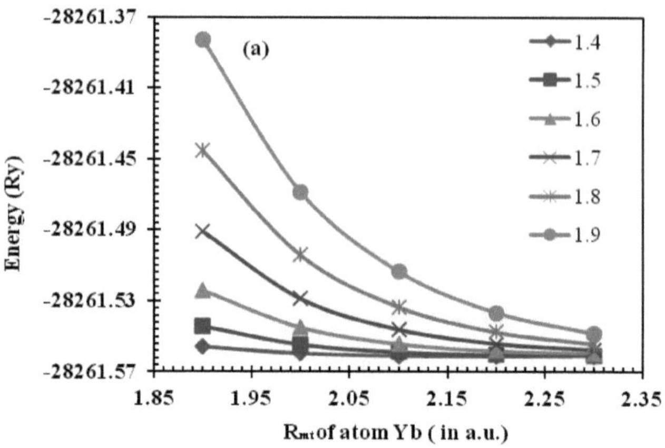

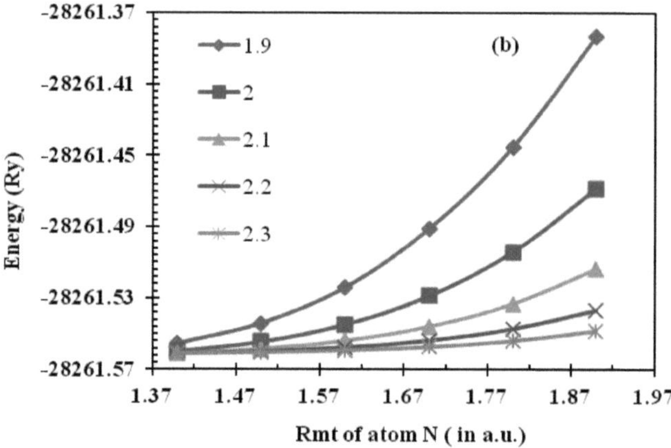

Rysunek 1. *Energia w stosunku do Rmt dla atomu a) Yb b) N w fazie NaCl YbN.*

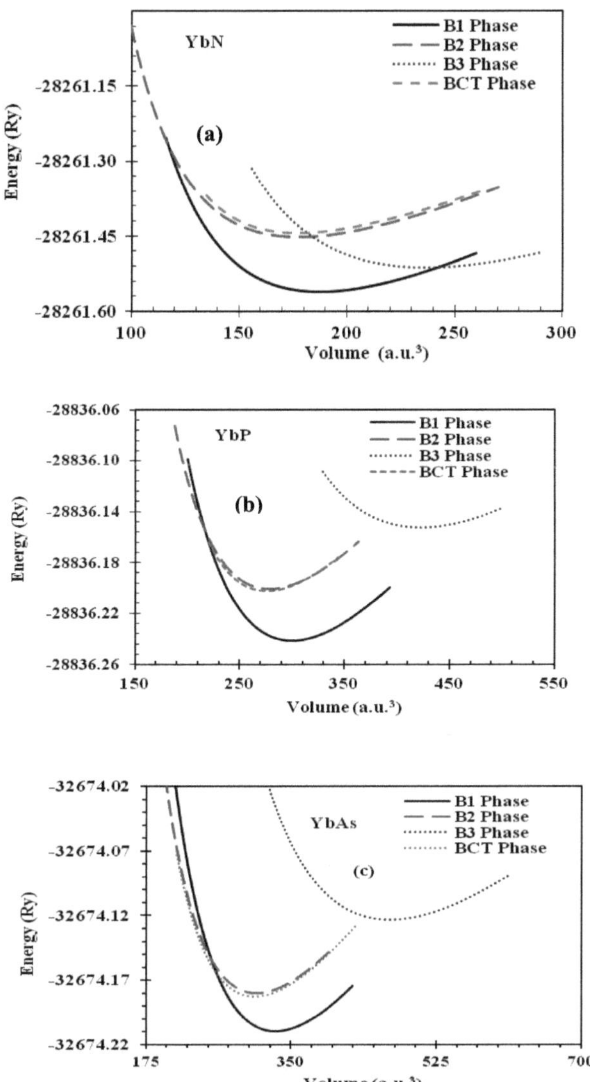

Rysunek 2. *Energia a jednostkowa objętość komórki dla (a) YbN (b) YbP (c) YbAs w strukturze NaCl(B1), CsCl (B2), ZnS (B3) i Body centered tetragonal (BCT).*

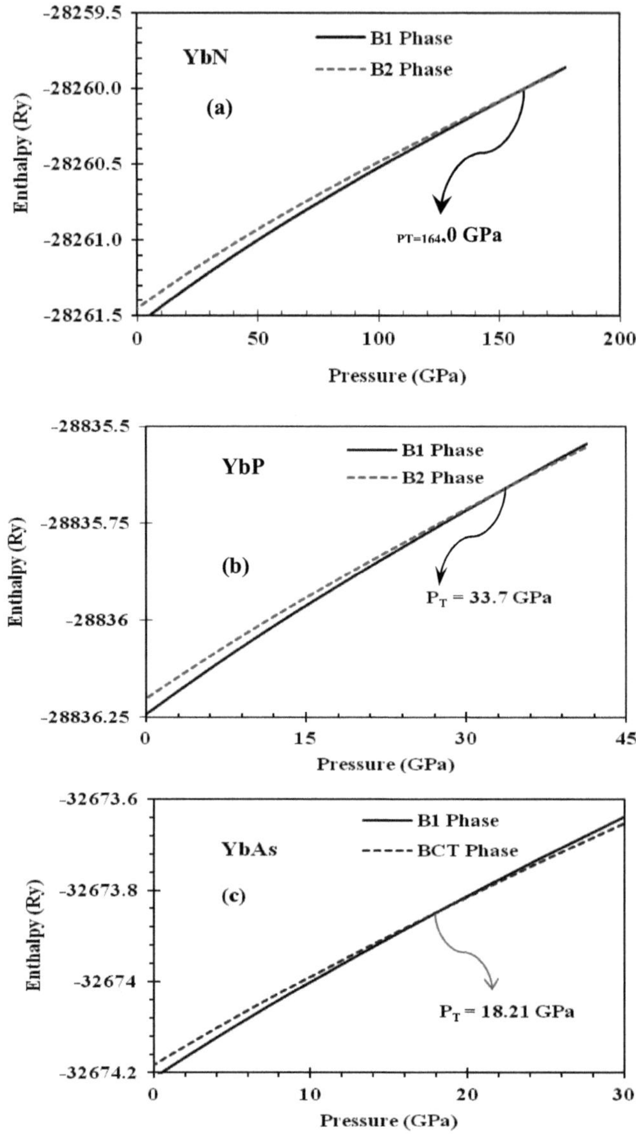

Rysunek 3. *Enthalpia w stosunku do ciśnienia dla a) YbN b) YbP c) YbAs.*

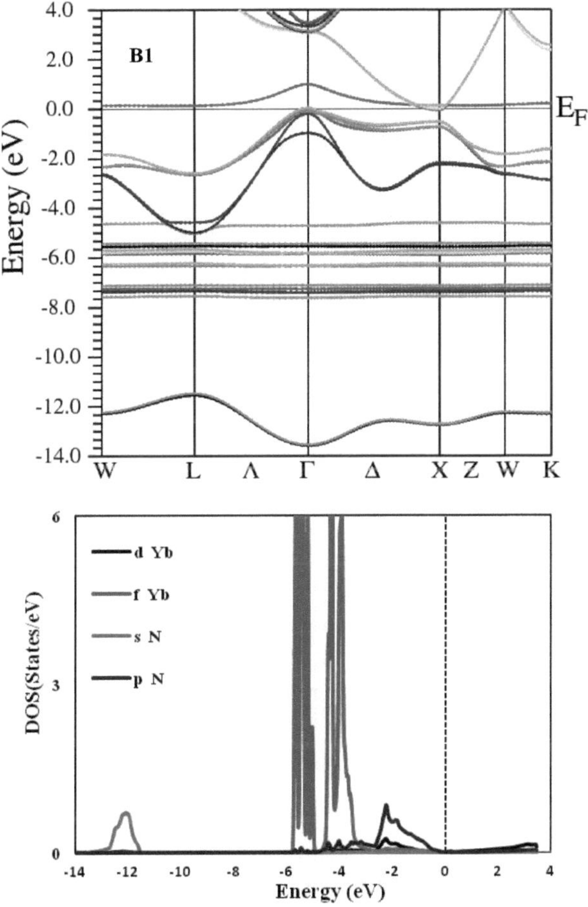

Rysunek 4(a) *Obliczone struktury pasm elektronicznych wzdłuż punktów symetrii w pierwszej strefie Brillouina i częściowe zagęszczenie stanów w fazie B1 dla YbN przy wartościach równowagi stałej kratowej.*

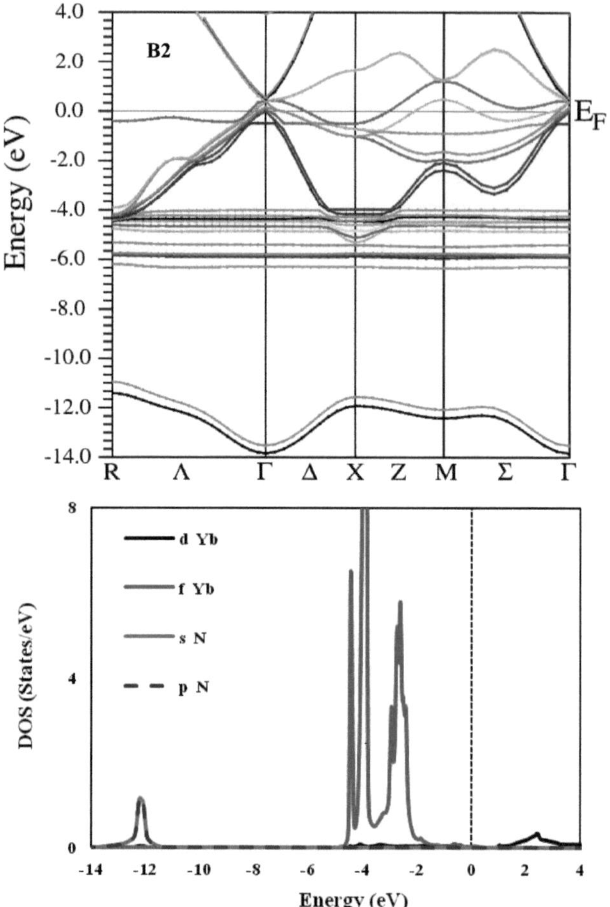

Rysunek 4(b) *Obliczone struktury pasm elektronicznych wzdłuż punktów symetrii w pierwszej strefie Brillouina i częściowe zagęszczenie stanów w fazie B2 dla YbN przy wartościach równowagi stałej kratowej.*

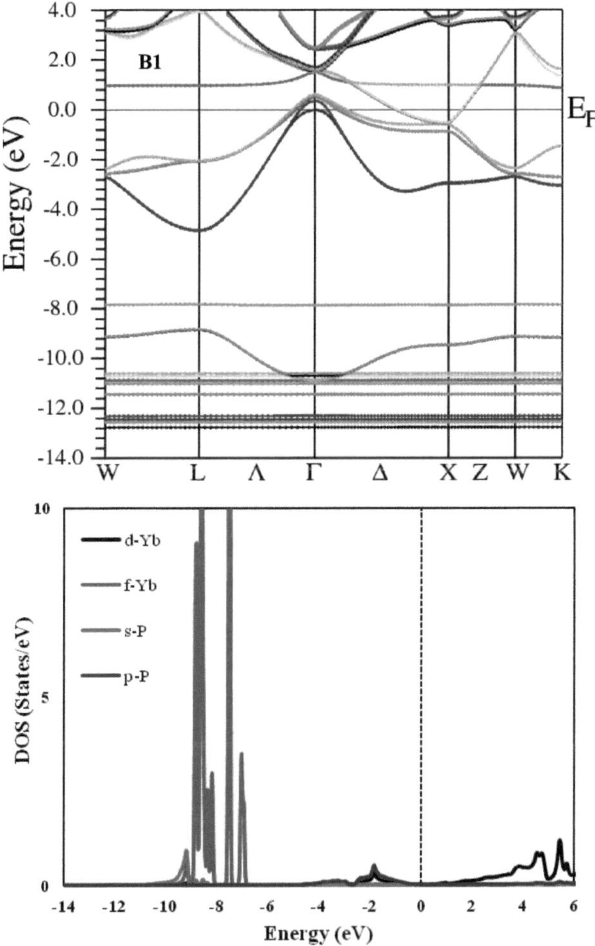

Rysunek 5(a) *Obliczone elektroniczne struktury pasmowe wzdłuż punktów symetrii w pierwszej strefie Brillouina i częściowe zagęszczenie stanów w fazie B1 dla YbP przy wartościach równowagi stałej kratowej.*

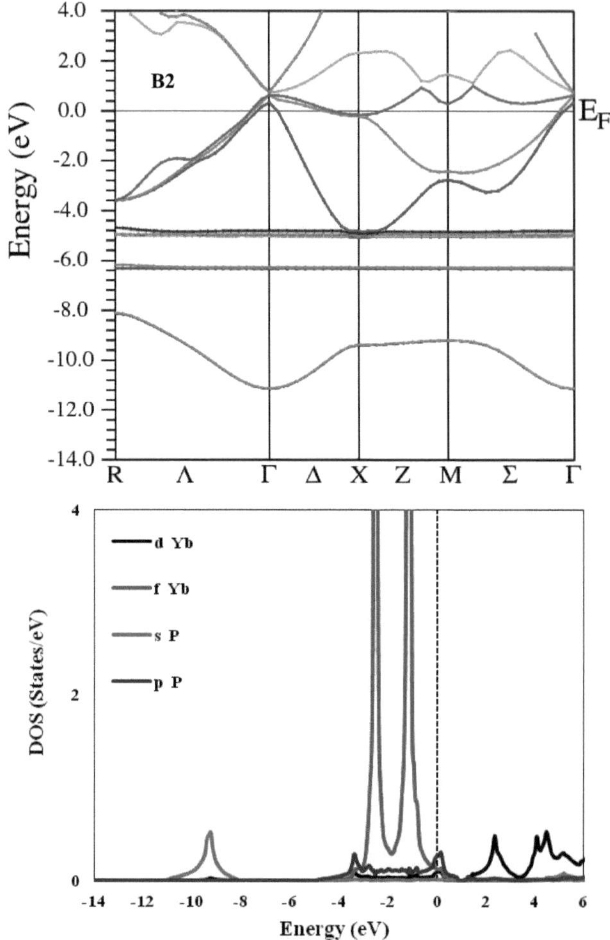

Rysunek 5(b) *Obliczone struktury pasm elektronicznych wzdłuż punktów symetrii w pierwszej strefie Brillouina i częściowe zagęszczenie stanów w fazie B2 dla YbP przy wartościach równowagi stałej kratowej.*

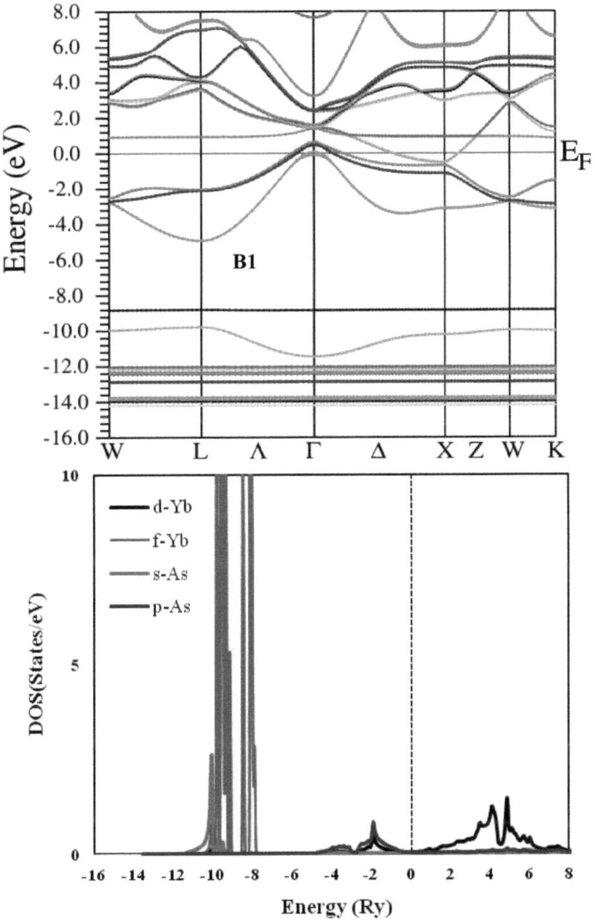

Rysunek 6(a) *Obliczone struktury pasm elektronicznych wzdłuż punktów symetrii w pierwszej strefie Brillouina (góra) i częściowej gęstości stanów (dół) w fazie B1 dla YbAs przy stałej kratowej równowagi.*

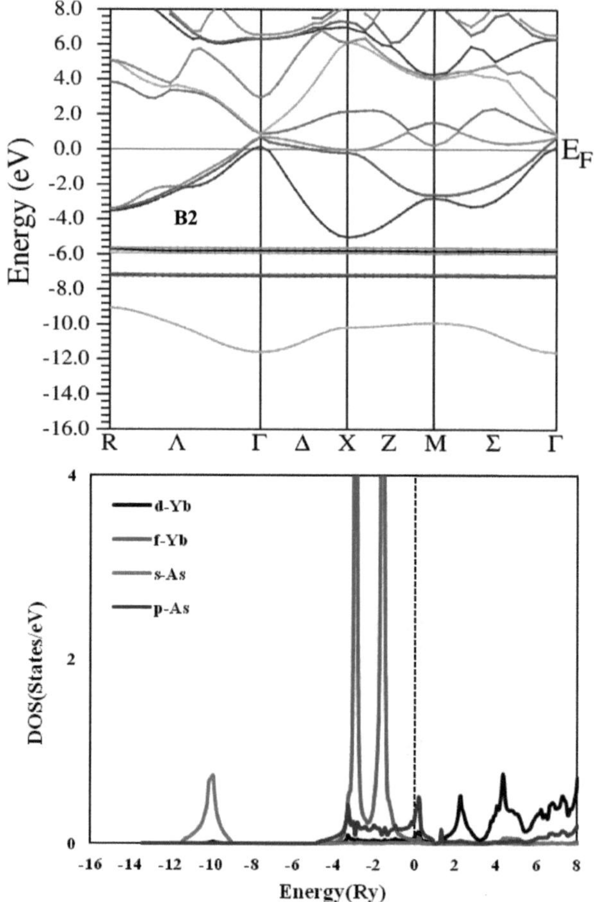

Rysunek 6(b) *Obliczone struktury pasm elektronicznych wzdłuż punktów symetrii w pierwszej strefie Brillouina (góra) i częściowe zagęszczenie stanów (dół) w fazie B2 dla YbAs przy stałych kraty równowagi.*

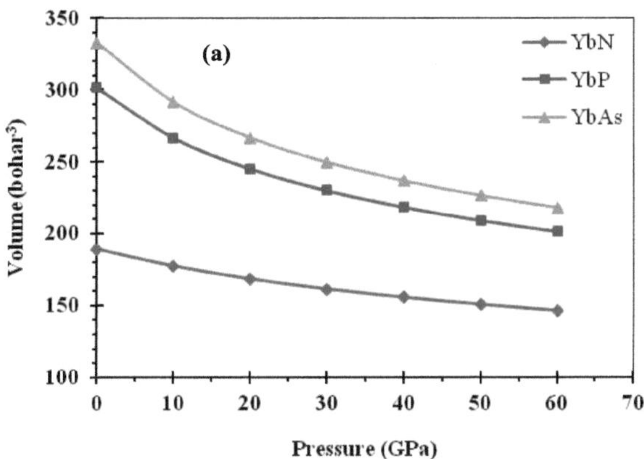

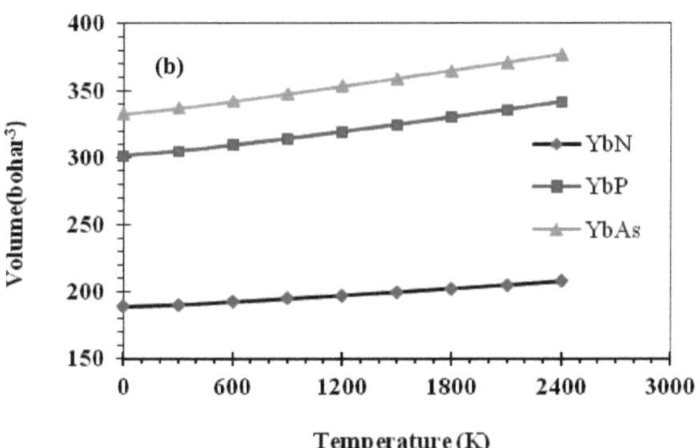

Rysunek 7. *Wykresy (a) objętość w funkcji ciśnienia (b) objętość w funkcji temperatury dla YbN, YbP i YbAs przy ciśnieniu P=0 GPa i temperaturze T=0 K.*

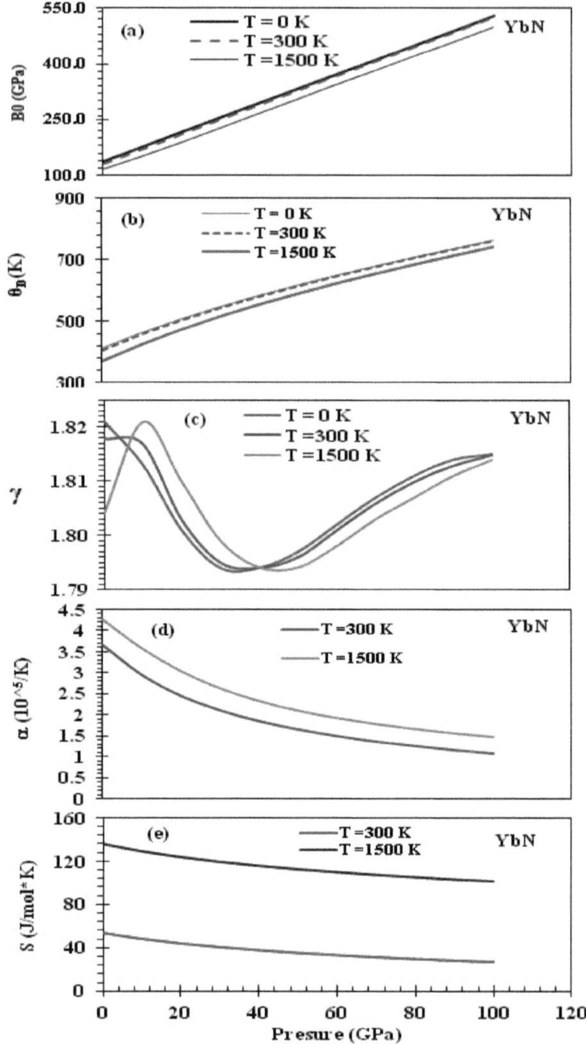

Rysunek 8. *Odchylenie a) modułu masowego, b) temperatury debye, c) parametru Gruneisena, d) współczynnika rozszerzalności cieplnej oraz e) entropii przy ciśnieniu do 100 GPa przy różnych wartościach T = 0, 300 i 1500 K odpowiednio w fazie B1.*

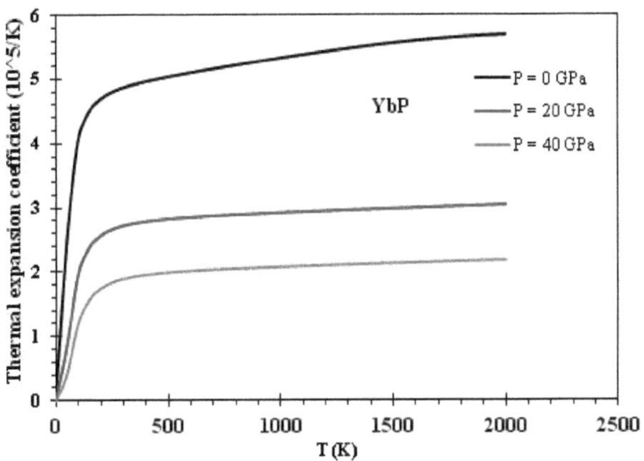

Rysunek 9. *Krzywe współczynnika rozszerzalności cieplnej w zależności od temperatury dla YbP przy P = 0, 20 i 40 GPa.*

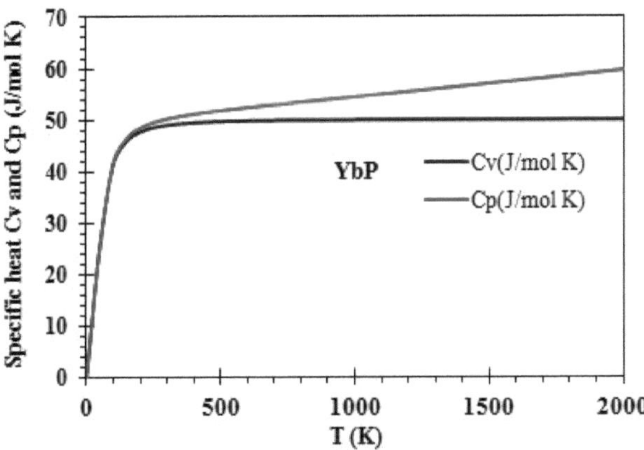

Rysunek 10. *Krzywe ciepła właściwego dla cv(T) i Cp(T) z temperaturą dla YbP.*

Printed by Books on Demand GmbH, Norderstedt / Germany